RHEINISCH-WESTFÄLISCHE AKADEMIE DER WISSENSCHAFTEN

Rheinisch-Westfälische Akademie der Wissenschaften

Geisteswissenschaften   Vorträge · G 209

Herausgegeben von der
Rheinisch-Westfälischen Akademie der Wissenschaften

25. Jahresfeier am 7. Mai 1975

THEODOR SCHIEFFER
Krisenpunkte des Hochmittelalters

Westdeutscher Verlag

25. Jahresfeier am 7. Mai 1975 in Düsseldorf

ISBN-13: 978-3-531-07209-8   e-ISBN-13: 978-3-322-90058-6
DOI: 10.1007/978-3-322-90058-6

Inhalt

Begrüßungsansprache

Von *Bernhard Kötting*, Münster (Westf.)

Die Rheinisch-Westfälische Akademie der Wissenschaften bestand am 1. Januar dieses Jahres fünf Jahre, wenn auch der Wurzelstock, aus dem sie emporwuchs, zwanzig Jahre zuvor gepflanzt worden ist. – Fünf Jahre genügen nicht zur Feier eines Jubiläums, wohl aber zum Anhalten für einen Augenblick und zur knappen wertenden Rückschau!

Das in Gegenwart so vieler Freunde und Gäste tun zu können, ist uns eine große Freude. So kann ich heute begrüßen die Präsidenten der Mainzer und Heidelberger Akademie, die Herren Kollegen *Bredt* und *Pöschl*, sowie die Vertreter der Präsidenten der Akademien von Wien, München und Göttingen. Die Akademien sind aus den Universitäten hervorgegangen und auf ihre Mitarbeit angewiesen.

Unserer Einladung zum heutigen Fest sind gefolgt

die Rektoren der Universitäten Münster, Bochum und Düsseldorf, die Herren Kollegen *Hoffmann, Ewald* und *Rauter,*

die Rektoren der Gesamthochschule Duisburg und der Pädagogischen Hochschule Rheinland, die Herren *Schrey* und *Süssmuth* sowie Herr Prorektor *Stern* von der Universität zu Köln.

Ihnen möchte ich zugesellen die Vorsitzenden der Förderergesellschaften, aus deren Kreis die Herren *Schaum* und *Grünewald* unter uns weilen.

Als Vertreter des Präses der Evangelischen Landeskirche Westfalen begrüße ich Herrn Generaldekan *von Mutius,*

als Mitglieder der diplomatischen Vertretungen Herrn *Fukuda,* den Generalkonsul Japans und die Herren Vertreter der Generalkonsuln von Frankreich, Großbritannien und Italien.

Der Stadt Düsseldorf sind wir verständlicherweise unter allen Kommunen aufs engste verbunden. Als Zeichen dieser Verbundenheit werten wir es, daß der Kulturdezernent der Stadt, Herr *Diekmann,* unserer Einladung Folge geleistet hat.

Ebenso begrüße ich auch die Anwesenheit des Generalsekretärs der Deutschen Forschungsgemeinschaft, des Herrn *Schiel,* da wir ja auf die engste Zusammenarbeit mit der Forschungsgemeinschaft angewiesen sind.

Die Ihnen allen bekannte Situation nach der Wahl des Landtags in unserem Lande erlaubte es keinem Mitglied der Regierung, an unserer Jahresfestsitzung teilzunehmen. Um so mehr freut es uns, daß mehrere Abteilungsleiter aus verschiedenen Ministerien, die unserer Arbeit stets reges Interesse entgegenbringen, unserer Einladung gefolgt sind.

Zum Schluß möchte ich ein besonderes Wort des Grußes Herrn Kollegen *Schieffer* sagen, der sich bereiterklärt hat, den heutigen Festvortrag zu übernehmen.

Im zurückliegenden Berichtsjahr sind vier Kollegen aus unserer Mitte genommen worden, die uns in langjähriger Freundschaft verbunden waren. Die Klasse für Geisteswissenschaften betrauert den Tod von *Joachim Ritter* / Münster, die Klasse für Natur-, Ingenieur- und Wirtschaftswissenschaften den Tod von *Gunther Lehmann* / Dortmund, von *Alfred Neuhaus* / Bonn und des korrespondierenden Mitgliedes *Wilhelm Bischof* / Bad Homburg.

Durch die Zuwahl von zwölf neuen Mitgliedern ist unsere Akademie im vergangenen Jahr nicht unbeträchtlich gewachsen.

Die Klasse für Geisteswissenschaften hat drei Kollegen in ihre Mitte berufen:

Nikolaus Himmelmann, Bonn
Alf Önnerfors, Köln
Eduard Rothschuh, Münster.

Die Klasse für Natur-, Ingenieur- und Wirtschaftswissenschaften hat acht neue ordentliche Mitglieder und ein korrespondierendes Mitglied hinzugewählt, nämlich die Kollegen

Helmut Domke, Aachen
Alfred Fettweiß, Bochum
Hermann Kick, Bonn
Reinhold Remmert, Münster
Carl Gottfried Schmidt, Essen
Hans Karl Schneider, Köln
Ewald Wicke, Münster
Meinhart Zenk, Bochum
Edmund Hlawka, Wien

Drei unserer ordentlichen Mitglieder sind durch die Annahme eines Rufes an eine Universität außerhalb des Landes Nordrhein-Westfalen korrespondierende Mitglieder geworden; es sind *Werner Beierwaltes*, jetzt Freiburg/Br., *Albrecht Dihle*, jetzt Heidelberg, und *Tilemann Grimm*, jetzt Tübingen; alle haben sich durch die offenkundig unbeschreibbare Kraft der Atmosphäre, die südlich des Main herrscht, anziehen lassen. Sie bleiben uns jedoch aufs engste verbunden, und wir möchten hoffen, daß sie sich eines Tages durch die Heimkehr in unser Land wieder zu ordentlichen Mitglieder zurückverwandeln. Beide Klassen zählen also im Augenblick zusammen 128 ordentliche und 26 korrespondierende Mitglieder.

Ein Schwerpunkt der Arbeit unserer Akademie liegt im Gedankenaustausch, zu dem die monatlichen Vorträge Anregung bieten sollen. Es hat sich als richtig erwiesen, daß jedes Mitglied der Akademie hier Gelegenheit erhält, aus seinem Forschungsgebiet ihm besonders wichtig erscheinende Fragen mit Kollegen anderer Disziplinen zu erörtern. Ebenso hat es sich als fruchtbringend erwiesen, daß etwa ein Viertel der Vortragenden von auswärts eingeladen wird. Vom Fach her ist es nicht für jeden leicht, einen Gegenwartsbezug in der Darlegung seiner Forschungsergebnisse herzustellen. Bei manchen ergibt er sich ohne weiteres aus der Thematik. Zur Illustration des Gemeinten brauchen nur zwei Themen aus beiden Klassen genannt zu werden, die mit Leichtigkeit erhöhte Aufmerksamkeit wecken, etwa das Thema: „Wirtschaftswachstum bei erschöpfbaren Ressourcen" oder: „Zur Authentizität und Kritik der Brüning-Memoiren".

Gleichwohl sollten alle Mitglieder, die sich bereitfinden, ihre Erkenntnisse hier vorzutragen und zur Diskussion zu stellen, noch stärker als bisher bedenken, inwieweit durch Abgrenzung, Herausstellung von Relationen zu aktuellen Problemen und durch die Form der Darbietung das Interesse am Thema und auch die Möglichkeit zur Diskussion geweckt werden kann. Da die Akademie mit diesen monatlichen Vorträgen auch in eine Aussprache über Ergebnisse der Forschung mit den Personen eintreten möchte, die das politische Leben unseres Landes direkt mitbestimmen, so freuen wir uns über jedes Mitglied des Landtages und der Regierung, das unserer Einladung Folge leistet. Der Andrang der Abgeordneten und der Geladenen aus den Ministerien war bisher stets noch mit Leichtigkeit zu bewältigen, auch in einer Zeit, als noch nicht alle Kräfte durch Wahlvorbereitung in Anspruch genommen waren.

Von den Vorträgen konnten im letzten Jahr insgesamt 13 im Druck erscheinen; außerdem wurden noch 5 Abhandlungen herausgebracht.

Ihre Aufgabe, die Landesregierung in Forschungsfragen zu beraten, erfüllt die Akademie durch die gewählten Ausschüsse. Diese Tätigkeit hat in der Klasse für Natur-, Ingenieur- und Wirtschaftswissenschaften einen solchen Umfang angenommen, daß eine Neugliederung der Fachgebiete vorgenommen werden mußte, so daß hier vier Ausschüsse nach je einem Hauptbereich gebildet wurden für Naturwissenschaften, für Ingenieurwissenschaften, für Medizin und Gesellschaftswissenschaften. Diese Aufteilung in vier Sachgebiete für die Begutachtung stellt ein ziemlich ausgewogenes Modell dar, das auf die Belastbarkeit der Gutachter besser Rücksicht nimmt.

Im Rahmen dieser Aufgabe, die Landesregierung zu beraten, hielt die Klasse für Geisteswissenschaften am 23. Oktober 1974 ein Kolloquium über das Problem der einstufigen Juristenausbildung. Dieses Kolloquium diente dem Austausch von Erfahrungen über die im Lande angelaufenen Versuche zu dieser neuen Form der Ausbildung. Eingeladen waren über die Mitglieder der Akademie hinaus Vertreter der Gerichte des Landes, des Justizministeriums, der rechtswissenschaftlichen Fakultäten, Vertreter des Justizausschusses des Landtages, der Rechtsanwalt- und Notarkammern, des Richterbundes und der Gewerkschaft Öffentliche Dienste. Der einführende Vortrag und die z. T. recht lebhafte Diskussion werden in der Schriftenreihe der Akademie bald veröffentlicht werden.

„Gezielte Forschungsförderung bei begrenzten Mitteln" ist das Problem, das immer wieder aufs neue Diskussionsstoff liefert bei allen Zusammenkünften innerhalb von Organisationen, die sich um die Förderung der Forschung im Bundesgebiet bemühen. Wenn unsere Akademie und in gemeinsamer Zusammenarbeit mit ihr alle anderen Akademien des Bundesgebietes den rechten Platz im Bereich der Forschung einnehmen wollen, müssen wir uns auch in die Diskussion dieser wichtigen Fragen mit einschalten. Es ist hier mit großer Freude anzumerken, daß seit dem Zusammenschluß der Akademien zur gemeinsamen Konferenz die Bereitschaft bei den anderen Institutionen des Bundes und der Länder gewachsen ist, die Akademien bei der Verteilung der Aufgaben sachgerecht zu berücksichtigen. Deshalb soll hier nur kurz erwähnt werden, wie sich von den Akademien aus gesehen die Aufgabenverteilung sinnvoll ausnehmen könnte:

1. Die Max-Planck-Gesellschaft bemüht sich schon seit Jahrzehnten um die Bewältigung langfristiger Großforschungsprojekte, die an ein Institut und an ein dort wirkendes Forscherteam gebunden sind.

2. Die Deutsche Forschungsgemeinschaft sollte alle Einzelprojekte wie bisher fördern, sei es, daß sie von einzelnen Forschern getragen werden, sei es, daß die DFG Sonderforschungsbereiche unterstützt, die ein ganz komplexes Forschungsziel verfolgen, das durch die Eigenart der Zusammenarbeit und durch die häufig auftretende Addition von Einzelergebnissen einer besonderen Betreuung bedarf. Das Schwergewicht der DFG mit ihrem vorzüglichen Apparat würde damit bei der Betreuung von Innovationen, ihrer Sichtung und ihrer Kanalisierung liegen.

3. Den Akademien sollten im Bereich der Naturwissenschaften Aufgaben zugewiesen werden, die sich mit der Grundlagenforschung befassen, ohne daß besondere Institute zur Erreichung dieses Zweckes erforderlich sind. Im

Gebiet der geisteswissenschaftlichen Forschung sollten sie Aufgaben übernehmen, die internationalen Charakter haben, die nur in Zusammenarbeit mit einer ganzen Gruppe von Forschern zu bewältigen sind und die voraussichtlich ein Jahrzehnt und noch länger in Anspruch nehmen.

Unsere Akademie ist entschlossen, sich klar nach diesem Konzept zu richten. Deshalb hat sie bisher an Aufgaben übernommen

1. die Herausgabe der Werke Friedrich Wilhelm Hegels und
2. die Herausgabe und Kommentierung von Papyri.

Für diese Aufgabe bildete sie jeweils Kommissionen.

Von den Werken Hegels liegen im Augenblick druckfertig vor, so daß sie noch in diesem Monat oder bald darauf erscheinen können, Band V: Schriften und Entwürfe 1799–1808; Band VI: Jenaer Systementwürfe I; Band VIII: Jenaer Systementwürfe III. Der Band VII, der die Jenaer Systementwürfe II enthält, erschien bereits 1971.

Wie mit der Universität Bochum zwecks Herausgabe der Werke Hegels so wurde im vergangenen Jahr mit der Universität zu Köln ein Vertrag abgeschlossen mit dem Ziel, die Sammlung der im dortigen Institut für Altertumskunde vorhandenen Papyri zu erweitern, die Texte herauszugeben und zu kommentieren. Im Institut für Altertumskunde ist eine Abteilung für Papyrusforschung eingerichtet worden, in der die Arbeiten im Auftrag der Akademie durchgeführt werden. Diese Abteilung verfügt im Augenblick über einen Bestand von etwa 3300 Stück verglaster Papyri, über etwa 1000 Stück unverglaster Papyri und über eine umfangreiche Münzsammlung.

Daß durch die Heranziehung der Papyri eine besondere Art von Geschichtsquellen erschlossen wird, braucht dem Kundigen nicht dargelegt zu werden. Etwa eine Sozialgeschichte der Spätantike kann heute ohne die Kenntnis der Papyri nicht mehr geschrieben werden. Zur Zeit werden in der Arbeitsstelle Papyri aus der Fundmasse der 1941 bei Tura in der Nähe von Kairo entdeckten Schriften bearbeitet. Sie haben eine besondere Bedeutung für die Religionsgeschichte der Spätantike. Die Publikation von Texten aus der Papyrus-Sammlung erfolgt in der Schriftenreihe mit der Benennung „Papyrologica Coloniensia"; fünf Bände liegen bereits vor.

Die Verhandlungen zwischen der Universität Bonn und unserer Akademie über die Herausgabe des „Reallexikon für Antike und Christentum" sind im Gange. Beabsichtigt ist, mit dem Beginn des nächsten Jahres dieses wichtige Lexikon von internationalem Rang in die Betreuung der Akademie zu übernehmen. Bisher sind neun Bände erschienen; das ganze Werk ist etwa auf 25 Bände angelegt. Es befaßt sich als Reallexikon mit allen Fragen und Problemen der Religions- und Kulturverschmelzung im antiken Mittelmeergebiet und seiner Auswirkung auf unsere Kulturlandschaft.

Wenn der vorhin unterbreitete Vorschlag über die Aufgabenteilung zwischen Max-Planck-Gesellschaft, Deutscher Forschungsgemeinschaft und Akademien allgemein Zustimmung finden sollte, dann würden besonders Editionen von Texten, Urkunden, Verhandlungen, Inschriften in den Aufgabenbereich der Akademien fallen und damit auf dem Wege der Beteiligung auch Teile dieser Aufgabe unserer Akademie zugewiesen werden. Wir sind bereit, das Vorhaben „Acta pacis Westphalicae" in unsere Obhut zu nehmen und ebenso, uns an den musikwissenschaftlichen Editionen zu beteiligen. Bislang werden diese Unternehmen vom Bundesministerium für Wissenschaft und Technologie getragen. Wir stehen Gewehr bei Fuß, aber schießen können wir in diese Richtung erst, wenn die „Rahmenvereinbarung zur Forschungsförderung des Bundes und der Länder gemäß Art. 91 b GG" zustandegekommen ist. Vor Prognosen, wann das sein wird, kann man nur warnen. Hier ist offensichtlich ein Gelände der „kleinen Schritte". Im Hinblick auf die Erreichung dieses Zieles drängt – ebenso wie wir – der Wissenschaftsrat in seinen soeben erschienenen „Empfehlungen zu Organisation, Planung und Förderung der Forschung". Dort heißt es (S. 209):

„Der Wissenschaftsrat hält die Akademien und die von ihnen eingesetzten Kommissionen hervorragender Fachleute nach wie vor zur Betreuung langfristiger Forschungsvorhaben für besonders geeignet; das gilt insbesondere für Editionen, einschließlich der Herausgabe von Gesamtwerken, wie Wörterbüchern und Corpora. Der Wissenschaftsrat empfiehlt daher erneut, den Akademien unter Berücksichtigung der vorgesehenen Aufgabenabgrenzung mit der Deutschen Forschungsgemeinschaft ... für diese Vorhaben ausreichende finanzielle Mittel zur Verfügung zu stellen. Er empfiehlt ferner die Bildung von Schwerpunkten bei den einzelnen Akademien, etwa durch Zusammenfassung verwandter Vorhaben."

Gern sind wir auch bereit, die Anregung des Wissenschaftsrates, dem ich an dieser Stelle für die wohlwollende und ausführliche Erwähnung der Akademien danken möchte, aufzunehmen, die Dauer der Mitgliedschaft in den Akademien zu überdenken. Doch scheint der Vorschlag, die Mitgliedschaft auf sieben oder zehn Jahre zu beschränken, nicht so leicht akzeptabel. Die Akademien verstehen sich nicht als eine Art Deputierten-Kammer der Wissenschaft und Forschung. Die in der Anregung jedoch versteckte Mahnung zur gewissenhaften Sorgfalt bei der Zuwahl neuer Mitglieder sollte sehr ernst genommen werden. Die Werte, die in diesem Fall in der strengen Beachtung des Numerus clausus und der lebenslänglichen Mitgliedschaft gegeben sind, scheinen mir im Hinblick auf die Erfüllung der oben umschriebenen Aufgaben den Vorrang zu haben gegenüber der zahlenmäßigen Ausweitung der Mitgliedschaft.

Wie in geeigneter Weise junge, begabte Forscher frei zu stellen und zu fördern sind, ist ein Problem, bei dessen Lösung die Akademien kaum wirksam helfen können. Wir sehen deutlich, daß die Institutionalisierung und Verfestigung des sogenannten Mittelbaues an den Universitäten – mag dessen Ausweitung auch noch so richtig mit der Schwergewichtsverlagerung von der Forschung zur Lehre begründet sein –, wir sehen deutlich, daß diese Entwicklung sich auch einseitig als Versorgungskrippe darstellen kann und mit ihrem Dickicht manche junge Forscherpersönlichkeit zu ersticken oder in der Entwicklung zu hemmen droht.

In unserer Beratungsaufgabe für die Landesregierung waren die Ausschußmitglieder immer darin einig, daß finanzielle Mithilfe bei der Publikation hervorragender Dissertationen eine einzigartige Unterstützung der Forschung durch die Landesregierung bedeute. In solchen Dissertationen liegen Forschungsergebnisse vor, bei deren Zustandekommen oftmals Leistungen junger Begabungen, sowie Wegweisung und Problemsicht erfahrener Lehrer der Wissenschaft zusammengeflossen sind. Haushaltsrechtliche Schwierigkeiten sollten diese Form der Forschungsförderung nicht abwürgen. Darum freut es uns, daß die Möglichkeit der Auszeichnung besonderer Leistungen durch die Landesregierung auf Vorschlag des Beratungsausschusses der Akademie erhalten bleibt.

Zum Schluß möchte ich noch ein Wort des Dankes der Landesregierung sagen, vor allem den beiden Mitgliedern des Kuratoriums unserer Akademie, den Herren Ministerpräsident Kühn und Wissenschaftsminister Rau. Ihrer ständigen Bereitschaft zum Gespräch mit uns verdanken wir viel, vor allem, daß wir durch die Gestaltung unseres Haushaltes in die Lage versetzt worden sind, so langfristige Projekte wie die oben erwähnten zu übernehmen. Es ist unser Wunsch, daß die politische Führung unseres Landes der Akademie bei der Erfüllung der zugewiesenen und übernommenen Aufgaben weiterhin so weitsichtig Hilfe gewährt wie bisher.

Krisenpunkte des Hochmittelalters

Von *Theodor Schieffer*, Köln

I.

Historisches Verständnis wird nicht allein durch mangelndes Sachwissen beeinträchtigt, es kann sich vielmehr auch umgekehrt ergeben, daß eine allzu geläufige Vertrautheit mit bestimmten historischen Sachverhalten den Blick nicht schärft, sondern abstumpft. Es gehört — wie wir hoffen, sogar heute noch — zur eisernen Ration allgemeiner Geschichtskenntnisse, aber entgegen einer heute beliebten Manier, Geschichte zu sehen, stellt es beileibe keinen zwangsläufig abrollenden Prozeß dar, daß der Ostteil jenes gewaltigen karolingischen Frankenreiches, das einmal vom Ebro bis zur Elbe, vom Tiber bis zur Eider gereicht hatte —, daß dieser Ostteil im 10. Jahrhundert zu einer neuen politischen Ordnung fand. Obgleich sich bei den Zeitgenossen kaum ein Empfinden dafür abzeichnet, es sei ein neues Reich entstanden oder gar bewußt gegründet worden, setzte eine allmähliche „Entfrankung" dieses überwiegend von nichtfränkischen Stämmen getragenen Reiches ein, und es wurde schließlich als einziger Staat und einziges Volk seiner Welt und Umwelt mit einem Namen belegt, der sich weder von einem germanischen Stamm — wie Frankreich und England — noch von einem geographisch-historischen Raum — wie Italien und Spanien —, sondern von der gegen West und Ost abgehobenen sprachlichen Eigenart ableitet: als *theodisk*, deutsch.

Dieser Name, der in antikisierender Verkleidung als *teutonicus* auftritt, bedeutet etwa „volkhaft", aber er wurzelt nicht im politischen Bereich und ist erst auf späterer Stufe zum Ausdruck eines politischen Volksbewußtseins geworden. Zwar dürfen wir auch für die Zeit um 900 bei östlichen Franken, Sachsen, Schwaben und Bayern eine gewisse, wenn auch nicht eben leidenschaftliche Bereitschaft unterstellen, die überkommene politische Gemeinsamkeit fortzusetzen, aber eine politische Ordnung konnte sich allenthalben, und bis tief in die Neuzeit hinein, nur als Herrschaftsbildung von oben her verwirklichen. Sie spielte sich — sozusagen organisch — in Bereichen mittlerer Größenordnung ein, die nicht zu schwach waren für selbständige Aktion, aber auch nicht zu weiträumig für jene rasche und handfeste Friedenssicherung nach innen und außen, durch die sich eine solche Herrschaft rechtfertigte. Charakteristisch für diese frühe Stufe Europas sind daher die Herzogtümer, die Mark- und Großgrafschaften in Deutschland, Frankreich und Italien, die Kleinkönigtümer in Spanien und England.

Einmalig im Europa des 10. Jahrhunderts aber war die großräumige, Herzogtümer und Stämme umgreifende monarchische Konzentration in Ostfranken-Deutschland. Daß sie sich eben nicht aus dem weiterwirkenden fränkisch-karolingischen Erbe hinreichend erklärt, zeigt – von Italien gar nicht zu reden – ein Blick auf Westfranken, wo das Königtum gleichfalls fortbestand, dank einer fränkischen Tradition, die dem Staat bis auf den heutigen Tag den Frankennamen erhalten hat, wo die Monarchie aber im 10. Jahrhundert trotz direkter karolingischer Kontinuität nur mühsam überlebte. Im Raum zwischen Schelde und Elbe dagegen war die Erneuerung der Königsgewalt, über jenes fränkische Erbe hinaus, das Werk einer neuen Dynastie sächsischen Stammes. Was Heinrich I. angebahnt hatte, führte sein Sohn Otto zu erster Höhe. Er zwang die Herzöge in eine sowohl lehnsrechtliche wie amtsrechtliche Bindung an die Königshoheit; er einte die ostfränkischen Stämme im gemeinsamen Abwehrsieg über die letzten Ausläufer der Völkerwanderung und in der Überhöhung seiner Königswürde durch das erneuerte, aber weiterhin in Rom verwurzelte Kaisertum. Otto der Große, dessen Gebeine in Magdeburg ruhen, dessen Krone in Wien aufbewahrt wird, ist der eigentliche Schöpfer Deutschlands geworden.

II.

Diese politische Regeneration ist eben darum schlechthin staunenswert, weil sie keineswegs durch all das prädestiniert war, was man global als „überpersönliche Strukturen" zu bezeichnen pflegt. Die agrarwirtschaftlichen Lebensbedingungen, das bäuerlich-aristokratische Sozialgefüge, die rudimentären Verkehrs- und Nachrichtenverbindungen, die begrenzten administrativen und militärischen Möglichkeiten – dieser kleinräumige Zuschnitt prägt den vergleichsweise archaisch gebliebenen germanischen Osten des einstigen Frankenreiches noch deutlicher als Italien und den Westen. Daß gerade in Ostfranken gegen heftigste Widerstände eine starke Monarchie entstand, spottet jeder Berechenbarkeit oder gar Gesetzmäßigkeit der Geschichte. Wer überspitzte Formulierungen liebt und gern „provoziert" – auch ein Modewort! –, könnte versucht sein, geradezu von einem Sieg der Persönlichkeit – eben Ottos d. Gr. – über die Strukturen zu sprechen.

Aber solche effekthaschenden Antithesen können zu unfruchtbarer Begriffsspielerei werden. Neben und in Korrelation mit den materiellen Strukturen kommt es mindestens ebensosehr auf jene Voraussetzungen geistiger

Art an, die in aufwendiger modischer Diktion gern als „Bewußtseinsstruk-
turen", als „Mentalitäten" deklariert werden. Dabei fällt entscheidend ins
Gewicht, daß das Zeitalter, dem unsere Betrachtung gilt, zwar beileibe nicht
individualistisch, wohl aber in Personen dachte. Für die dynastisch-aristo-
kratisch bestimmte Welt dieses Zeitalters – nicht für die Geschichte überhaupt! – relativiert sich damit die angebliche Antithese fast zum Schein-
problem: Hier ist es einfach strukturbedingt, daß persönliche Qualitäten
positiver und negativer Art, daß persönliche Schicksale wie Todes- und Erb-
fälle oder dynastische Eheverbindungen, als Personen- und Ereignisgeschichte, fernab aller historischen Determiniertheit eine Tragweite gewinnen
können, die den Menschen des 20. Jahrhunderts so fremdartig anmutet, von
der aber gerade die Reichs- und Kaisergeschichte mit ihren markanten Ge-
stalten und jähen Umbrüchen beredtes Zeugnis ablegt. Strukturbedingt ist
es erst recht, daß diese Zeit sich mit überpersönlichen Institutionen schwer
tat, und eben dies, der institutionelle Unterbau, fehlte der großräumigen
Monarchie des 10. und 11. Jahrhunderts. Sie nahm die Hilfe einer anderen,
altüberkommenen Institution in Anspruch: der Kirche. Der Herrscher trat
als König zu den Bistümern und Großabteien seines Landes, als Kaiser zum
Papsttum in ein besonderes Verhältnis: Herrscher, Adel und Kirche sollten
in gegenseitiger Stütze und Abgrenzung eine ausgewogene Trias bilden.

III.

Dieses politisch-religiöse Ordnungsgefüge, das wir als ottonisch-salisches
Reichskirchensystem zu bezeichnen pflegen, war keineswegs ein bloßer admi-
nistrativer Notbehelf, eine gegenseitige Rückversicherung von König und
Bischöfen, es war geradezu die Selbstdarstellung eines Zeitalters, das sich
nicht als „Staat" und „Kirche", sondern als eine einzige *ecclesia* verstand,
freilich im Zeichen zweier Gewalten, der priesterlichen und der königlichen,
jedoch unter der irdischen Hoheit des geweihten Königs, der sich als Ge-
salbter des Herrn weit über die Laien erhoben sah. Daß der König den sog.
höheren Reichskirchen Besitzungen und Gerechtsame anvertraute, dafür
aber personalpolitisch über die Bischofsstühle entschied und sowohl mora-
lischen wie materiellen Reichsdienst erwartete – das widersprach keineswegs
den geltenden Wertmaßstäben des Gewaltendualismus, der *regnum* und
sacerdotium nicht etwa in naturgegebenem Gegensatz, sondern einander zu-
geordnet und einen geradezu theologisch verstandenen Synergismus in der
Zweiheit von Papst und Kaiser gipfeln sah. Aber auch in der historischen
Realität erscheint diese Ordnung keineswegs als eine in sich widersprüch-

liche, nicht lebensfähige Konstruktion, sie hat vielmehr eine relative Blütezeit der deutschen Reichskirche heraufgeführt, ja, sie ließ eine höchste Steigerung erwarten, als um die Mitte des 11. Jahrhunderts der Kaiser Heinrich III. dem Papst Leo IX. den Weg zu reformierender Erneuerung der Gesamtkirche ebnete.

IV.

Diese Kirchenreform schritt in der Tat voran, aber sie schlug um in den Investiturstreit, der Reich und Kirche aufs schwerste erschütterte. Wie ist diese Wendung zu erklären? Kann hier von einer strukturbedingten Zwangsläufigkeit die Rede sein? Mit solchen Fragen geraten wir abermals in den modischen Dunstkreis der bequemen Formeln, deren monokausale Interpretation, kurzschlüssige Gegenwartsbezogenheit und in Fremdwörtern schwelgendes „Engagement" beileibe keinen wissenschaftlichen Fortschritt, sondern einen Rückfall in primitivere Stufen der Geschichtsschreibung bedeutet.

Die sozioökonomische Zauberformel verfängt hier jedenfalls nicht. Das 11. Jahrhundert als Zeit des Übergangs vom Früh- zum Hochmittelalter ist gewiß durch eine aufstrebende Entfaltung vielseitiger Kräfte gekennzeichnet, sowohl im materiellen wie im geistigen Bereich, und sowohl in Italien wie in Deutschland lassen sich punktuelle Berührungen, etwa der stadtbürgerlichen Bewegung, mit der reichskirchlichen Krise aufspüren, aber daß soziale Wandlungen den Konflikt ausgelöst und bestimmt hätten, steht nicht ernstlich zur Diskussion. Der Investiturstreit spielt sich in jener gegliederten und abgestuften dynastisch-aristokratischen Gesellschaftswelt ab, die auch im Hochmittelalter weiterhin dominiert, und er stellt ein primär geistig bestimmtes Phänomen dar.

Es gibt daher eine ganz entgegengesetzte Interpretation: Der Konflikt von *regnum* und *sacerdotium* sei ein genuiner Ideenstreit gewesen, von der immanenten Schwungkraft des erwachten theoretischen Denkens eröffnet und gesteigert. Eine solche Deutung – das ist zuzugeben – kommt der geschichtlichen Wirklichkeit schon näher, aber sie kann die empirische Forschung zu einer bedenklichen Flucht in die dünne Luft der Reflexion verleiten.

V.

Frühmittelalter und Reichskirche, so fest sie in sich gefügt waren, dürfen eben doch nicht als eine Welt problemloser Harmonie verstanden werden –

dergleichen gibt es in der Geschichte ohnehin nicht. Geistliche und weltliche Gewalt waren aufeinander an- und hingewiesen, aber ihr Platz in der Welt- und Wertordnung war natürlich verschieden. Selbstwert und Autonomie, ja faktischer *irdischer* Vorrang des weltlichen Herrschertums galten in der Mentalität der Spätantike und des Frühmittelalters unbestritten, aber dem modernen Menschen muß nachdrücklich ins Bewußtsein gerufen werden, daß dem Begriff des „Weltlichen" hier jede wertneutrale Note abgeht. Auch die weltliche Gewalt blieb eingebunden in die religiös-christliche Verpflichtung, ihre Träger standen wie jeder andere Mensch in der christlich-kirchlichen Sitten- und Heilsordnung, und eben daraus ergab sich ein *religiös* höherer Rang des sakramentenverwaltenden Priestertums, der *auctoritas sacrata pontificum* gegenüber der *regalis potestas*, nach jener klassischen Formulierung, die bereits vor dem Jahre 500 von dem Papst Gelasius I. geprägt worden war.

Freilich ist dieser Spruch von der Forschung inzwischen sozusagen „entmythologisiert" worden, er war längst nicht so pathetisch und grundsätzlich gemeint wie er – losgelöst aus dem zeitgeschichtlichen Zusammenhang – in den Zitaten späterer Jahrhunderte klang. Der theoretische Vorrang des *sacerdotium* besagte faktisch kaum mehr als einen Anspruch auf prinzipielle Autonomie des hohen geistlichen Amtes, in besonderen Situationen auch auf eine Art von sittlich-religiöser „Normenkontrolle" über das weltliche, auch politische Geschehen – *ratione peccati* nach der anderen klassischen Formel, die freilich erst auf der Höhe des Mittelalters von Innocenz III. geprägt worden ist. Sicherlich stand hinter solchen Maximen ein Kirchenideal, dem das Reichskirchensystem unter der Hoheit des Königs nicht recht entsprach, aber solange der geweihte Herrscher diese seine Hoheit im Geiste christlicher Verantwortung handhabe, sah das vorerst mehr pragmatisch als theoretisch geprägte Zeitalter keinen Anlaß zu grundsätzlichem Widerspruch. Wenn man dagegen das Prinzip der Zweigewaltenlehre mit all der verbissenen und abstrakten Konsequenz, deren die Theoretiker aller Zeiten fähig zu sein pflegen, zu Ende dachte – dann freilich konnten sich Autonomie und Normenkontrolle zu einer Auflehnung gegen die königliche Kirchenhoheit, ja zu einem hierokratischen Überordnungsanspruch steigern.

Dazu ist es in der Tat gekommen, und eben das ist das Erregende beim Übergang zum Hochmittelalter, und dafür fehlt es wahrlich nicht an zeitgenössischen Zeugnissen. Am Anfang – 1058 – steht die ebenso scharfsinnige wie leidenschaftliche Streitschrift des Kardinals Humbert (*Adversus simoniacos*) gegen die Investitur der Bischöfe durch Könige und Fürsten, es folgen die radikalen Verlautbarungen Gregors VII. in der Siedehitze des Kampfes, es kommt zu einer hin und her wogenden, sehr aufs Grundsätz-

liche gestimmten Publizistik, zu einem Aufschwung der Kanonistik, deren
kurialistisch akzentuiertes Crescendo dann das 12. und 13. Jahrhundert
durchzieht und sich schließlich – freilich unter heftigem „royalistischem"
Widerspruch – in Formulierungen hineinsteigert, die der päpstlichen Suprematie, auch über den kirchlichen Bereich hinaus, kaum noch Grenzen zu
setzen scheinen.

VI.

Von solchen Schriften, denen man auch die stilistische und graphische
Feierlichkeit der päpstlichen Privilegien und Briefe zuzuzählen hat, geht
eine besondere Suggestivkraft aus, freilich nicht auf die modernen Sozio-
ökonomiker, sondern eher auf die klassische Geschichtsschreibung, die, an
Vorbildern vom Rang eines Ranke oder Meinecke orientiert, nach den großen bewegenden Ideen fragte; denn mit einer grandios erscheinenden Idee
hatte man es hier sicherlich zu tun.

Ganz allgemein ist der Historiker ja der Versuchung ausgesetzt, den Er-
kenntniswert grundsätzlich-theoretischer Schriften zu überschätzen, er kann
der bequemen Täuschung erliegen, als fände er hier bereits fertig formuliert
vor, was er erst induktiv zu erforschen hätte. Von normativen Texten des
Mittelalters im besonderen aber – sei es ein Gesetz Karls des Großen, sei es
der Sachsenspiegel – wissen wir längst, daß sie nur zu oft die Ebenen des
Seins und des Sollens ineinander übergehen lassen. Auch die christlich-kirch-
liche Prägung allen geistigen Lebens, ja fast aller schriftlichen Zeugnisse aus
dem Mittelalter spiegelt nur einen Teil der geschichtlichen Wirklichkeit
wider, und diese Wirklichkeit war, auch und gerade für die Kirche, sowohl
strukturell – hier ist dieser Begriff berechtigt – wie im zeitlichen Wandel
sehr vielschichtig.

Wenn vom Fehlen eines institutionellen Unterbaus die Rede war, so ist
das in sehr weitem Sinne zu verstehen: Eine überpersönliche Rechtsordnung,
die im Alltag aus eigener Initiative dem Unrecht und der Gewalttat wehrte,
bestand nur in Ansätzen. Das Prinzip der Selbsthilfe, mindestens in der
Initiative, oft genug aber bis zur bewaffneten Aktion, war in so starker
Geltung, daß das Recht und die Erzwingbarkeit des Rechtes nahezu in eins
fielen. Dazu aber war nicht der einzelne imstande, sondern nur die schüt-
zende Herrschaft oder Genossenschaft, sei es Großfamilie oder Kaufmanns-
hanse, Grundherrschaft oder Lehnsverband. Das Mit- und Gegeneinander
solcher Gemeinschaften im Geiste des Landfriedens durch politische Autorität und gerichtlichen Austrag zu zügeln, war die Aufgabe und Leistung staat-
lich-monarchischer Gewalt.

Inmitten dieser Welt der Selbsthilfe war der einzelne Kleriker, der unter Waffenverbot stand, waren aber auch die kirchlichen Institute sehr schutzbedürftig. Von sich aus konnten sie der rohen Gewalt nur geistige Autorität entgegensetzen, so wenn sie in der sog. Sanctionsformel der Besitzurkunden Himmel und Hölle gegen den potentiellen Rechtsbrecher mobilisierten, wenn sie den Waffenadel auf den beeideten Gottesfrieden verpflichteten. Aber was ihnen – wie jedem anderen – nottat, war der Rückhalt an physischer Macht, fremder oder eigener: daher die Anlehnung an die öffentliche Gewalt, die Bereitschaft der großen Kirchen, im Dienste des Königs, aber auch zur Selbstbehauptung, mit eigener Ritter- und Dienstmannschaft administrative und militärische Aufgaben zu übernehmen, daher für die kleineren Kirchen der Zwang, sich durch die Institution der Vogtei einen weltlichen Schutz zu verschaffen. Sicherlich hat es bedeutenden Reichtum bestimmter Kirchen ebenso gegeben wie die kirchliche Ethisierung des Rittertums und eine aktive Besitz- und Territorialpolitik mancher Bischöfe bis hin zum geistlichen Fürstentum, aber oft genug blieb der Besitz rohem Übergriff preisgegeben, die gewaltsame Fehde wurde keineswegs nachhaltig gebannt, der Rückhalt an weltlicher Macht konnte zu drückender Abhängigkeit führen. Schwäche und Ohnmacht der Kirche standen oft genug in bösem Kontrast zu ihrem geistigen Rang und ihrem religiösen Auftrag – Chroniken, Briefe und Urkunden sprechen da oft eine rauhere Sprache als staatstheoretische und theologische Traktate.

VII.

Eine geradezu schreiende Diskrepanz zwischen Autoritätsanspruch und materieller Machtlosigkeit kennzeichnet die Stellung des Papsttums. Im Verbande der spätantiken Reichskirche und im fränkisch-karolingischen Großreich hatte die römische Kirche im Schutz, aber auch im Schatten einer weitausgreifenden politischen Macht gestanden, die anfangs die ganze, später noch und wieder zum weitaus größten Teil die christianisierte Kulturwelt umfaßt hatte. Seit der Mitte des 11. Jahrhunderts dagegen wurde – umgekehrt – die von Rom gesetzte kirchliche Norm zu einer religiös-kulturellen Integrationskraft in einem politisch endgültig desintegrierten lateinischen Abendland.

Die Lösung aus der spät- und nachantiken, byzantinisch gewordenen Reichskirche war nicht ohne harte und folgenschwere Konflikte verlaufen. In die erste Hälfte des 8. Jahrhunderts fällt ein Ereignis, von dem das allgemeine Geschichtsbewußtsein sehr zu Unrecht keine Notiz zu nehmen pflegt: In der Erbitterung des Bilderstreites belegte der griechische Kaiser

Leon III. die reichen süditalisch-sizilischen Patrimonien der Päpste mit konfiskatorischen Steuern, die einer Enteignung gleichkamen. Von diesem Schlag hat sich die römische Kirche nie erholt, trotz der vom ersten Karolingerkönig gewährten Ausstattung mit einem halbautonomen eigenen Staat. Ihre früh- und hochmittelalterliche Besitzgeschichte (vor dem breiten Einsetzen der Geldwirtschaft) ist insgesamt noch zu schreiben, aber es steht außer Zweifel, daß die Päpste dieses Zeitalters keineswegs über eine starke wirtschaftliche Basis verfügten, daß die römische Kirche keineswegs reich war und daß dieser Übelstand um so drückender wurde, je mehr die Zentrale der Weltkirche zu einem großen Behördenapparat anwuchs. Manche an sich allbekannten Erscheinungen – so im 12. Jahrhundert der zähe Kampf um die sog. Mathildischen Güter in Italien und gar im Spätmittelalter das ausufernde Gebührenwesen – treten erst unter diesem Aspekt in volle Beleuchtung.

Auch das Verhältnis Roms zu den politischen Gewalten hatte sich entscheidend gewandelt, seitdem es kein römisches und kein fränkisches Gesamtreich mehr gab. Im Kreise der nachkarolingischen Klein- und Mittelgewalten Italiens hatten die Päpste mit Mühe und nur halbwegs die Selbständigkeit ihrer Stadt und ihres Kirchenstaates behaupten können, oft genug nur unter einer Schutzhoheit der neuen deutsch-italischen Kaisermacht. Als nun das Papsttum in eine neue, die hochmittelalterliche Phase seiner Geschichte trat und aus eigener Initiative die Führung des Reformwerks übernahm, galt der im politisch aufgegliederten Europa unabweislich gewordene Grundsatz, daß der höchste Priester der Gesamtkirche nicht Untertan eines weltlichen Herrschers sein dürfe, aber an dem anderen Grundsatz, daß die Erneuerung kirchlicher Zucht und Ordnung im Zusammenwirken mit dem christlichen Herrschertum, insbesondere mit dem Kaisertum, zu erkämpfen sei, hatte sich nichts geändert.

VIII.

Es kam anders, und damit stellt sich auch von der Geschichte des Papsttums her die Frage, ob der große Konflikt unausweichlich, ob die dramatische Ereignisgeschichte am Ende doch nur das Oberflächengekräusel eines mit immanenter Zwangsläufigkeit ablaufenden Prozesses war. Manches spricht für eine solche Interpretation, denn die strukturbedingte *Möglichkeit* solcher Konflikte ist evident; aber über alle Strukturbedingtheit hinaus war der Konflikt in einem solchen Ausmaße auch situationsbedingt, daß die Faktizität des Geschehens weit mehr als den bloß auslösenden Anlaß bedeutet.

Reich und Reichskirche als politisch-religiöses Ordnungsgefüge dürfen mit einem Gewölbe verglichen werden, für das die Person des Königs und Kaisers einen Schlußstein bedeutete, das aber durch den Ausfall dieser Person aufs schwerste gefährdet wurde. Eben dies trat ein, als der 39jährige Kaiser Heinrich III. 1056 starb, einen erst sechsjährigen Nachfolger hinterlassend. Diesem Ereignis kommt der Rang einer historischen Entscheidung zu, worunter man ja keineswegs nur den Kampf mit Sieg oder Unterliegen, sondern ebenso das schlicht eingetretene, passiv hinzunehmende Geschehen zu begreifen hat. Der Tod Heinrichs III. überschattet – und erklärt damit zum guten Teil – den weiteren Verlauf der Reichs- und Kirchengeschichte. Im Augenblick einer historischen Wende von größter Tragweite erlosch das Kaisertum, verlor das deutsche Königtum den Kontakt mit der großen geistigen Bewegung des Jahrhunderts. Die Regentschaft und das erste Jahrzehnt von Heinrichs IV. selbständiger Regierung standen unter keinem glücklichen Stern: Mißgriffe, auch und gerade kirchenpolitischer Art, erschütterten das moralische Ansehen der Königsgewalt, und da der Romzug unterblieb, entglitt Italien auch politisch ihrem Griff.

Das Papsttum hatte die kaiserliche Hilfe, ja den politischen Machtrückhalt überhaupt verloren, denn das im Jahre 1059 getroffene Abkommen mit den normannischen Eroberern Süditaliens war kein Ersatz. Aber anders als etwa im 7. oder im 10. Jahrhundert sank die römische Kirche keineswegs in eine nur notdürftig von der Primatsidee überdeckte Bedeutungslosigkeit zurück, vielmehr ging die Wiederherstellung von Recht und Zucht in der Kirche, die Verchristlichung der Welt weiter, jetzt als päpstlich geführtes, bis in ferne Länder ausgreifendes Reformwerk, freilich nicht ohne Widerstände, die sich vor allem im Episkopat regten. Die Kirchenreform fiel also zusammen mit einer gesamtkirchlichen Zentralisation durch ein auf sich selbst gestelltes, von physischer Macht entblößtes Papsttum, das auf den geistiggeistlichen Suprematieanspruch, auf eine weit interpretierte Primatslehre als einzige Waffe angewiesen blieb, um sich zu behaupten, sich durchzusetzen, die Kirche in seinem Geiste zu erneuern. Kein Wunder daher, daß seit der Mitte des 11. Jahrhunderts die Päpste ihre universalkirchliche Jurisdiktionsgewalt in einer Weise akzentuierten, die bei vermeintlichen oder tatsächlichen Widerständen bis zur Schroffheit gehen konnte. So kam es zum Bruch mit Byzanz, zur Maßregelung vor allem französischer Bischöfe, alles im Zeichen eines im Kontrast zu den realen Machtverhältnissen gesteigerten, ja übersteigerten hierarchischen Sendungsbewußtseins.

IX.

All dies gewann eine besondere, eine sehr persönliche Note durch den
Pontifikatsantritt Gregors VII. im Jahre 1073. In seinem ungeduldigen Re-
formeifer schlug er – nach dem Ausweis seiner in großer Zahl auf uns gekom-
menen Briefe – vor allem gegenüber den Bischöfen einen drängenden, herri-
schen, scheltenden Ton an und verschuldete damit eine überaus gereizte
Atmosphäre, aber er ging dabei noch lange von der Erwartung aus, der
junge deutsche König werde sein Verbündeter gegen widerspenstige Bischöfe
sein – bis es durch Heinrichs IV. sprunghafte Art zum heftigen Streit um die
Einsetzung, um die Investitur eines neuen Mailänder Erzbischofs kam. Der
Zorn des Königs und der Bischöfe entlud sich dann in den ebenso leiden-
schaftlichen wie unbesonnenen Wormser Absagemanifesten vom Januar
1076: Gregor VII. solle nicht mehr als rechtmäßiger Papst gelten, er solle
vom angemaßten Stuhle Petri herabsteigen.

Dieses Ereignis gilt als Ausbruch des Investiturstreites. In der Tat hatte
sich der Konflikt an einer lokalen – der Mailänder – Investiturfrage entzün-
det und betraf ein durch die politisch-religiöse Welt des Frühmittelalters be-
dingtes, sehr grundsätzliches Problem. Es stellte sich freilich keineswegs nur
in der deutsch-italienischen Reichskirche, und der Blick über die Reichsgrenzen
hinweg ist sogar sehr lehrreich, denn in Frankreich und England hat es, fast
eine Generation später, tatsächlich nur einen kurzen und bald beigelegten
Streit um die Investitur, um das Verfahren bei der Bestellung der Bischöfe,
gegeben.

Dergleichen wäre von vornherein auch im Reich möglich gewesen, denn
selbst die strengsten Vorhaltungen des Papstes enthielten noch die ausdrück-
liche Bereitschaft zu einem Kompromiß über dieses Verfahren. In Deutschland aber trat die Investiturfrage seit dem Wormser Tage von 1076 auf
lange Zeit in den Hintergrund, statt dessen wurde der Streit auf eine andere
Ebene übertragen – nicht etwa zwangsläufig, sondern durch das Verhalten
entscheidender Personen, durch die maßlos heftige Reaktion des 25jährigen
Königs und seiner Bischöfe, denn in Worms geschah das Schlimmste, was in
dieser geschichtlichen Situation überhaupt geschehen konnte: ein Frontalan-
griff auf Legitimität und Autorität des Reformpapsttums. Dadurch wurde
mit einem Schlage all das aktualisiert, was im Gewaltendualismus potentiell
enthalten war oder, besser gesagt, als theoretische Möglichkeit geschlummert
hatte. Es wurde ein Prinzipienkampf zwischen *regnum* und *sacerdotium*
um die christliche Weltordnung, um Autonomie, Vorrang, Befehlsgewalt im
gegenseitigen Verhältnis. Nicht etwa wegen der Mißhelligkeiten um die
Investitur, sondern durch den Angriff auf seine Amtswürde sah sich der

Papst legitimiert, mit aller Schärfe seine schwere, aber auch einzige Waffe einzusetzen: die geistliche Sanktion, die Exkommunikation. Ja, er zog, im Gegenschlag gegen Worms, aus seiner Binde- und Lösegewalt im gleichen Atemzug die radikale hierokratische Konsequenz: Er verband die geistliche Strafe mit der Absetzung des Königs und ließ nach einigem Zögern die Anerkennung des Gegenkönigs Rudolf folgen, während Heinrich IV. gleichfalls zum äußersten schritt und die Aufstellung eines Gegenpapstes betrieb. So war es zu einer urplötzlichen Konfrontation von erbitterter Grundsätzlichkeit und extremer Heftigkeit gekommen, wie sie noch wenige Jahre zuvor kaum jemandem vorstellbar gewesen wäre. Vor allem jeder Bischof hatte den Konflikt in seinem Gewissen und seinem Handeln auszutragen, das Reich mit seiner auf die Kirche gestützten Königsherrschaft erfuhr eine Erschütterung, die das ganze Werk Ottos d. Gr. gefährdete.

Im jahrzehntelangen Kampf der Federn und der Schwerter wurde der christlichen Welt bewußt, daß ihr Gewaltendualismus zum Antagonismus werden konnte, daß aber eine radikale Lösung des Grundsatzkonfliktes nur durch eine Zerstörung ihrer eigenen Struktur möglich gewesen wäre. Pragmatisches Denken gewann wieder die Oberhand: Der Papst ließ das Gegenkönigtum, der Kaiser das Gegenpapsttum erlöschen, der Konflikt reduzierte sich auf die – tatsächlich strukturbedingte – Investiturfrage und endete, wiederum in Worms, mit dem Konkordat von 1122, einem bloßen *modus vivendi*, der das, was man unter der Kampfparole von der Freiheit der Kirche verstand, mehr im Prinzip als in der Praxis sicherte.

X.

So herrschte im 12. Jahrhundert ein gewandeltes geistiges Klima. Der positive Gewaltendualismus war keineswegs prinzipiell in Frage gestellt, aber er war zum bewußten Problem geworden, das Mit- und Zueinander blieb von latentem Mißtrauen überschattet. Fraglos war das Papsttum – eher als die Kirche im ganzen – der moralische Gewinner: Seine Autonomie war anerkannt, von einer formellen Mitsprache des Kaisers bei der Besetzung des Stuhles Petri konnte keine Rede mehr sein, sie war endgültig den Kardinälen vorbehalten. Die innerkirchliche Autorität des Papstes, deren Aufstieg an der Kanonistik abzulesen ist, galt grundsätzlich unbestritten, und wenn die Frage einer geistlichen Suprematie über die weltliche Gewalt aus der brisanten Tagesaktualität in den Hintergrund getreten war, so war die Diskussion doch keineswegs erloschen. Sie hatte sich der aus dem Evangelium entlehnten Allegorie von den beiden Schwertern bemächtigt, und Bernhard von Clairvaux sprach es aus, daß das geistliche Schwert *von* der Kirche, das weltliche Schwert *für* die Kirche geführt werde. Aber das waren vorerst nur sehr theoretische Sentenzen, die für den politischen Bereich nicht viel bedeuteten, und eben in der politischen – weit mehr als in der geistigen – Sphäre wurden nunmehr die Entscheidungen ausgetragen.

Dabei erwies sich die Unabhängigkeit des wirtschaftlich, politisch und militärisch machtarmen Papsttums weiterhin als sehr prekär. Gegen Mitte des 12. Jahrhunderts sahen sich die Päpste durch das zu starker Macht aufgestiegene normannische Königreich Sizilien und durch die Bürgerschaft der Stadt Rom bedrängt. Unterdes waren in Deutschland Reich und Reichskirche in gleichfalls prinzipiell unveränderter Struktur wieder erstarkt, nicht zum wenigsten wiederum dank der Autorität einer Herrscherpersönlichkeit, des Staufers Friedrich I., der im deutschen Geschichtsbewußtsein mit gutem Grund einen besonderen Rang einnimmt. Er richtete auch in Italien die Reichshoheit wieder auf, und so stark war die überkommene Welt- und Wertordnung, daß der Papst Hadrian IV. von Friedrich, den er 1155 zum Kaiser krönte, die entscheidende Hilfe gegen Normannen und Römer erwartete – von einem unausweichlich heraufziehenden neuen Konflikt zwischen Kaiser und Papst kann man wiederum nicht sprechen.

Bei der Krise, die dann doch ausbrach, gingen abermals strukturbedingte Verkettung, unberechenbares Geschehen und persönliches Verschulden ineinander über. Der Kaiser trat die Heerfahrt gegen das Königreich Sizilien, die er dem Papst zugesagt hatte, nicht an. Wenn dieser Verzicht, wie uns berichtet wird, tatsächlich von den deutschen Fürsten erzwungen wurde, dann zeigt sich hier ein bemerkenswertes Symptom für die Grenzen kaiserlicher Macht und Entscheidungsfreiheit. Aber wie dem auch sei, es war eine politische Entscheidung, und der Papst reagierte darauf mit einer politischen Schwenkung, indem er 1156 mit dem Königreich Sizilien Frieden schloß und normannische statt kaiserlicher Militärhilfe entgegennahm. Aber auch ein der Sache nach bloß politischer Dissens zwischen Kaiser und Papst konnte den Gewaltendualismus virulent werden lassen. Als man aus päpstlichen Schreiben die These herauszuhören glaubte, daß die Kaiserkrönung als eine Belehnung durch den Papst zu verstehen sei, wies der Kaiser im Bunde mit dem Reichsepiskopat einen solchen Anspruch zurück. Gleichzeitig aber baute er, auch und gerade in Italien, eine für den Papst bedrohliche politisch-wirtschaftliche Machtposition aus, ohne sich jedoch durch einen Übergriff in die geistliche Sphäre ins Unrecht zu setzen – bis dann 1159, nach dem Tode Hadrians IV., eine neue unglückliche Wendung eintrat.

XI.

Im politisch gespaltenen Kardinalskollegium, das noch keine Verfahrensnormen für die Papstwahl kannte, kam es zu einer Doppelwahl. Eine kleine, dem Kaiser zugetane Gruppe rief in einem Überrumpelungsmanöver einen der Ihren als Victor IV. aus; die gewaltsam am Handeln gehinderte Mehrheit konnte erst nachträglich zur Wahl Alexanders III. schreiten. Dabei aber stellt sich die Frage, ob der Kaiser wirklich – wie seine offizielle Version lautete und wie die Literatur es durchweg annimmt – von dieser Wendung passiv überrascht worden ist oder ob er aktiv auf die Wahl Victors IV. hingewirkt hat. Dergleichen konnte, wenn überhaupt, nur mittelbar und insgeheim geschehen, denn eine formelle Mitsprache des Kaisers bei der Papstwahl gab es nicht mehr, aber ob etwa der Pfalzgraf Otto von Wittelsbach, der als Friedrichs Vertrauter und Vertreter dieses Geschehen in Rom miterlebte, sich wirklich mit der Rolle des inaktiven Zuschauers begnügte? Vielleicht gelingt einem Doktoranden einmal durch eindringliche Interpretation der Quellenzeugnisse eine klare positive oder negative Beantwortung dieser Frage, von der für unser Geschichtsbild von Friedrich Barbarossa viel abhängt, denn dieses Schisma von 1159 – ob heraufbeschworen oder nur genutzt – erwies sich in Friedrichs Politik als das Verhängnis schlechthin. Die Analogie zu den Wormser Manifesten von 1076 ist darin zu sehen, daß der weltliche Herrscher wiederum einen Konflikt vom auslösenden Anlaß weg auf die rein kirchliche Ebene hinüberspielte, so daß sich Alexander III. wiederum legitimiert sah, das rein geistliche Strafmittel der Exkommunikation anzuwenden. Ja, er zog wie Gregor VII. die Konsequenz und entband die Untertanen Friedrichs von Eiden und Pflichten.

XII.

Dieser Spruch aber blieb jetzt – anders als 1076 – ohne Wirkung. Ein päpstlich gesteuertes Gegenkönigtum wäre angesichts der starken politischen Stellung des Kaisers eine äußere und innere Unmöglichkeit gewesen, aber sehr bald mußte Friedrich auch erkennen, daß ein vom Kaiser gestütztes Gegenpapsttum ein ebensolcher Anachronismus war. Frankreich und England – vom Königreich Sizilien und von den lombardischen Städten gar nicht zu reden – versagten ihm die kirchenpolitische Gefolgschaft und traten der Obödienz Alexanders III. bei.

Es wurde ein Konflikt von geringerer geistiger Tiefe, von geringerer grundsätzlicher und persönlicher Heftigkeit als im 11. Jahrhundert, dafür

aber wurde es ein politischer Kampf von neuartigen Dimensionen. Das
Ringen um Partner und Gegner der Obödienzen führte zu außenpolitisch-
diplomatischen Aktivitäten eines bis dahin ungekannten Ausmaßes: Der he-
gemoniale Rang des deutsch-italischen Kaisertums begann einem entstehen-
den europäischen Staatensystem zu weichen, denn das Schisma tat der internationalen Autorität des Kaisers schweren Abbruch. In Italien, dem Haupt-
kampffelde, sah er sich einem Bündnis des Papsttums mit Sizilien und einem
Großteil der lombardischen Bürgerstädte gegenüber. Es war eine heterogene
und nur situationsbedingte Koalition, die weder für sozioökonomische noch
für spiritualisierende, weder für nationale italienische noch für vergangen-
heitsbewältigende deutsche Geschichtsinterpreten irgend etwas hergibt, die
aber grell beleuchtet, wie sehr der so erfolgreich angelaufene Kampf um die
Reichshoheit durch eine kirchenpolitische Spannung belastet wurde, die sich
durch das rechtlich, moralisch und politisch im Grunde unvertretbare Schisma
zu verhängnisvoller Schärfe gesteigert hatte.

Nach nahezu zwei Jahrzehnten setzte dann ein politisch ausgehandelter
Friede alledem ein Ende – ein allseitiger Ausgleich, auch mit den Lombarden
und Sizilien, bei dem es natürlich um die Anerkennung Alexanders III. durch
den Kaiser, im übrigen aber um personalpolitische, besitzrechtliche, militärische Absprachen ging, die nur noch von fern an die Probleme des Investiturstreites gemahnen. Reich und Kaisertum hatten die Krise schließlich nicht
ohne spürbare Kompromisse, aber doch in bemerkenswerter Festigkeit über-
standen, und auch im wiederhergestellten Einvernehmen mit dem Papst
schien sich die hochmittelalterliche Ordnung wieder konsolidiert zu haben.
Das Papsttum hatte seine Autonomie behauptet, und das XI. Ökumenische
Konzil von 1179 fixierte im Rückblick auf die Erfahrungen der letzten Jahrzehnte die Zweidrittelmehrheit der Kardinäle für die Papstwahl – eine
rechtsgeschichtlich wichtige Etappe im Aufkommen des Majoritätsprinzips
und sicherlich die einzige positivrechtliche Bestimmung des 12. Jahrhunderts,
die bis heute in Kraft ist.

XIII.

Auch Barbarossa war zu einem Schlußstrich bereit. Der Ausgleich zwischen
dem Reich und Sizilien wurde – in einer für das Zeitalter charakteristischen
Weise – besiegelt durch die Vermählung Heinrichs VI. mit der normannisch-
sizilischen Prinzessin Konstanze; die Feier fand 1186 in Mailand statt, im
einstigen Zentrum des lombardischen Widerstandes. Ein solcher Friede bedeutete die formelle Anerkennung des bisherigen Gegners, den Verzicht auf
einen kaiserlichen Hoheitsanspruch über den Süden, die Konsolidierung eines

Machtgleichgewichts in Italien, von dem eine langfristige Beruhigung ausgehen konnte – insofern ist es verständlich, daß in der Forschung lange die Meinung galt, der Papst Lucius III. selber habe die sizilische Heirat gefördert.

Aber ein durch dynastische Eheverbindung sanktionierter Friede konnte zugleich neue Erbansprüche begründen und durch den Zufall persönlicher Schicksale unabsehbare Wirkungen zeitigen. Drei Jahre nach der Mailänder Hochzeit trat mit dem Tode des 36jährigen kinderlosen Königs Wilhelm II. von Sizilien dieser Zufall ein – wiederum ein Geschehen, das zum Meditieren über die Verflechtung struktureller Voraussetzungen mit der Ereignis- und Personengeschichte einlädt. Der Kaiser Heinrich VI. setzte sich nach kurzem Kampf auch als König von Sizilien durch. Es war der absolute Höhepunkt der Reichsgeschichte: Der Kaiser verfügte über ein Machtpotential, das ihm eine starke Überlegenheit über die deutschen Fürsten und über die anderen europäischen Könige sicherte; den Papst aber setzte es einer erdrückenden Umklammerung aus, die alles überbot, was unter Barbarossa je gedroht hatte. Alexanders III. mühsamer Kampf um die politische Unabhängigkeit schien umsonst gewesen zu sein; die Diskrepanz zwischen der geistlichen Autorität des Papsttums und seiner nahezu hilflosen Position in Italien drängte einfach zu einem Abwehrkampf, und eben darum erscheint in der Rückschau der Reichsgeschichte diese gewaltige Machtsteigerung eben doch als neues Verhängnis.

Der jähe Tod Heinrichs VI. im Jahre 1197 schob dieses Problem freilich wieder in den Hintergrund. In den turbulenten Jahren des staufisch-welfischen Doppelkönigtums verdichtete sich statt dessen der entgegengesetzte Wandlungsprozeß der deutschen Geschichte: Durch die Auszehrung der Reichsgewalt entschied sich, daß den Weg zu jüngerer, intensiverer Staatlichkeit in Deutschland nicht wie in Westeuropa der König, sondern die Territorialfürsten beschritten, in deren Kreis sich inzwischen auch die hocharistokratischen geistlichen Fürsten kaum mehr als Stützen des König- und Kaisertums erwiesen. Diese Erschütterung des von Otto d. Gr. begründeten, von Barbarossa erneuerten Werkes folgte der Eigengesetzlichkeit des innerdeutschen politischen Machtkampfes, der Anteil des Papsttums daran war dem Anspruch nach sehr hoch, tatsächlich aber sehr gering – denn auch und gerade Innocenz III. blieb mit seinem Anspruch, *ratione peccati* das politische Geschehen zu lenken, weit hinter allen Realitäten zurück. Alles ist seiner Führung alsbald entglitten: der 4. Kreuzzug, der Konflikt zwischen den Königen von Frankreich und England, der Albigenserkrieg – auch der deutsche Thronstreit, der sogar mit einer Verzweiflungstat des Papstes endete: Um sich des Welfen Otto IV. zu erwehren, wußte sich Innocenz III. schließlich keinen anderen Rat mehr, als den Teufel durch Beelzebub auszutreiben, indem er dem Sohne Heinrichs VI., dem inzwischen herangewachsenen König Friedrich von Sizilien, den Weg auch zur deutschen Königswürde ebnete. So lieh er selber die Hand dazu, die gefürchtete Verbindung Siziliens mit dem Kaisertum, die *unio regni ad imperium*, die drohende staufische Umklammerung, seinen Nachfolgern zu vererben.

XIV.

Mit alledem waren sowohl in Deutschland wie in Italien irreversible Vorentscheidungen gefallen, die den pragmatisch-persönlichen Entscheidungsspielraum der nächsten Generation aufs stärkste einengten. Das Geschehen in der ersten Hälfte des 13. Jahrhunderts steht gewiß wiederum im Zeichen einer sehr ausgeprägten, geradezu faszinierenden Persönlichkeit – eben des Kaisers Friedrich II. –, aber der neue Kampf mit dem Papsttum war in ganz anderem Ausmaß als im 11. und 12. Jahrhundert durch Voraussetzungen bedingt, die zwar, fernab jeder Automatik, aus der Ereignisgeschichte erwachsen waren, sich dann aber tatsächlich als strukturelle Zwänge auswirkten. Die Frage nach der „Interdependenz" von Struktur, Persönlichkeit und Geschehen ist ja auch für den bewußt empirisch bleibenden Historiker alles andere als illegitim, sie ist für ihn nur, gelinde gesagt, unfruchtbar, solange sie global und nivellierend auf die Geschichte schlechthin bezogen wird, was ja keineswegs aus induktiver Erkenntnis zu geschehen pflegt, sondern (zwar uneingestandenermaßen, faktisch aber doch) in deduktiv-abstrahierender Reflexion. Das Entscheidungsgewicht von Struktur, Persönlichkeit und Geschehen kann vielmehr nach Zeiten und Situationen sehr verschieden sein, so daß die Frage immer wieder neu zu stellen ist und sehr differenzierende Antworten auslösen wird. Eben dies ist gemeint, wenn wir für die Zeit Friedrichs II. und der ihm gegenüberstehenden Päpste den „Strukturen" eine andere Gewalt zusprechen als bei den – an sich vergleichbaren – Konflikten des 11. und 12. Jahrhunderts.

Kaum zwei Jahrzehnte nach der Katastrophe von 1197 war das Erbe Heinrichs VI. wieder vereint, aber das deutsche Erbe war durch die langen Thronwirren empfindlich geschwächt. Es war daher zwangsläufig, daß der Kaiser, selber Sizilianer, beim Bemühen um die Wiederaufrichtung seines deutsch-italienischen, staufisch-normannischen Gesamtreiches sein unteritalisch-sizilisches Stammland als die ausbaufähigere Basis verstand – das gleiche Land also, das noch im 12. Jahrhundert ein potentieller politischer Rückhalt des Papsttums gewesen war! Mittel- und Oberitalien, vor allem die Lombardei, sollten nach dem Willen des Kaisers dieses politische Gefüge nicht als

Lücke sprengen, sondern als Bindeglied zusammenhalten. Damit steigerte sich für Rom noch die Gefahr einer umfassenden Kaisermacht, die dem Papst die Rolle eines abhängigen Reichsbischofs aufgezwungen hätte. Die lombardischen Städte, deren Widerstand sich unter der Führung Mailands neu formierte, blieben ihm als einzige Bundesgenossen.

Gregor IX., der 1227 auf den nachgiebigen Honorius III. folgte, war angesichts dieser drohenden Umklammerung von einem schlechthin unüberwindlichen Mißtrauen gegen Friedrich II. erfüllt, und so begannen Papsttum und Kaisertum sich gegenseitig ins Verhängnis zu reißen, eben weil es ein Kampf unter anderen Voraussetzungen wurde als im 11. und 12. Jahrhundert. Hatten Heinrich IV. und Friedrich I. selber durch Angriff und Schisma den Konflikt auf die geistliche Ebene übertragen und damit die geistliche Strafsanktion geradezu herausgefordert, so war inzwischen die Autonomie des Papsttums als hierarchischer Spitze der Universalkirche so gefestigt, daß der Kaiser einen Übergriff in diese geistliche Sphäre bewußt vermied. Es war noch weniger als im 12. Jahrhundert ein Kampf um die Prinzipien christlicher Weltordnung, sondern noch mehr als im 12. Jahrhundert ein Kampf um die Unabhängigkeit des Papsttums von der erdrückenden politischen Macht des staufisch-sizilischen Kaisers. Bar ernstlicher materieller Macht, gebot der Papst auch in diesem Selbstbehauptungskampf nach wie vor über keine andere wirksame Waffe als seine geistliche Autorität und Strafgewalt. Er konnte sie aber nur anwenden, indem er seinerseits den Konflikt offensiv auf die kirchliche Ebene hinüberspielte und nach einem Anlaß, ja einem Vorwand zur Exkommunikation geradezu suchte.

Eben diese Verstrickung und Verkettung läßt bei diesem dritten und letzten Kampf die Frage persönlicher Fehlleistung und Schuld in den Hintergrund treten, gibt ihm aber eine besonders düstere Note. Es mutet makaber an, wenn der Kirchenbann über den Kaiser zu einer Art von Konventionalstrafe für nicht eingehaltene Kreuzzugstermine wird, der exkommunizierte und interdizierte Kaiser trotzdem ins Hl. Land zieht, während hinter seinem Rücken ein päpstlich-lombardischer Krieg gegen sein Königreich Sizilien entfesselt wird. Der zurückgekehrte Kaiser trieb die päpstlichen Truppen aus seinem Lande, machte aber an der Grenze des Kirchenstaates halt, um dem Papst, den er nicht wie einen anderen politischen Gegner niederringen konnte, die geistlichen Waffen aus der Hand zu schlagen.

Der Friede von 1230 gab dem Kaiser nochmals eine Atempause zu einem verheißungsvollen Versuch einer Erneuerung der Reichsgewalt in Deutschland, aber auch zur Vorbereitung des Entscheidungsschlages in Oberitalien. Dieser Schlag gelang 1237 mit einem nahezu vernichtenden Sieg über die Lombarden. Aber im Hochgefühl des Sieges verließ den Kaiser die staats-

männische Besonnenheit: Er verlangte bedingungslose Unterwerfung, er steigerte sein Kaisertum in die Ansprüche antiken Cäsarentums hinein und verhüllte kaum noch das Ziel, von Rom aus sein Imperium zu regieren. Das war
der endgültige Bruch. Die Lombarden rafften sich zu neuem Kampf auf,
Gregor IX. verkündete 1239 erneut die Exkommunikation des Kaisers – er
setzte wiederum seine *geistliche* Waffe gegen die *politische* Bedrohung ein;
aber vom entscheidenden Gravamen – der Lombardenfrage – mußte er dabei
schweigen, da hierbei kein geistliches Delikt vorlag.

Beide Seiten brachen die Brücken hinter sich ab. Kaisertum und Papsttum
übersteigerten ihre Suprematieansprüche bis zur Absolutheit und Ausschließlichkeit. Der von staufisch-kaiserlicher Übermacht geradezu erdrückte Papst
setzte in seinen Manifesten der weltlich-autonomen Kaisergewalt in schärfster Antithese, fern allen Realitäten, ja in einer Art von Radikalismus der
Verzweiflung, die hierokratische Lehre einer nicht nur religiösen, sondern
auch irdischen Überordnung und Befehlsbefugnis der höchsten geistlichen
Gewalt entgegen. Friedrich konnte zwar nicht an die Aufstellung eines Gegenpapstes denken, aber er warf die Parole eines gegen den Papst gerichteten
Konzilsplans in die Diskussion seiner Zeit und der nächsten Jahrhunderte.
Aus der hierokratischen Doktrin, der *potestas directa in temporalibus* späterer Kanonistensprache, zog Innocenz IV. wiederum die äußerste Konsequenz, indem er 1245 auf dem Konzil von Lyon die Absetzung Friedrichs
aussprach. Der Kaiser ließ es an religiös motivierender propagandistischer
Gegenwirkung nicht fehlen, der Kampf nahm auf beiden Seiten ein geradezu
apokalyptisches Pathos an.

XV.

Die päpstliche Sentenz entschied diesen Kampf nicht, ja er ist im Grunde
überhaupt nicht entschieden worden, er endete damit, daß Friedrich II. 1250
starb und ihm weder in Deutschland noch in Italien ein erfolgreicher Nachfolger erstand. Zweifellos ist das staufische Kaisertum unterlegen, aber was
sich dann in der zweiten Hälfte des 13. Jahrhunderts abspielte: die verzweifelten Versuche der Päpste, in der Abwehr der Spätstaufer, in hektisch
wechselnden, teils freundlichen, teils feindlichen Kontakten mit Frankreich,
England und Spanien oder durch eine Erneuerung des deutschen Kaisertums
die eigene Unabhängigkeit und die Hoheit über Sizilien zu behaupten, bis
dann nach der nächsten Jahrhundertwende ein französischer König den Gewaltakt gegen den Papst vollführen ließ, zu dem es unter keinem Kaiser
je gekommen war – das alles verbietet es schlechthin, von einem Sieg oder
gar von einer weltweiten politischen Macht des Papsttums zu sprechen. „Von

den Anfängen bis zur Höhe der Weltherrschaft" wollte vor vierzig Jahren Erich Caspar seine „Geschichte des Papsttums" führen. Der Tod hat ihn einer klaren Antwort auf die Frage enthoben, wann es diese Weltherrschaft des Papsttums denn gegeben haben soll. Gängige Vorstellungen solcher Art verbinden sich mit Innocenz III. und seinen Nachfolgern, mit denen in der Tat die geistlich-innerkirchliche Autorität der Päpste einen Höhepunkt erreicht hat, aber alle ins Politische übergreifende hierokratische Doktrin ist auch im 13. Jahrhundert wirklichkeitsfremd geblieben.

XVI.

Den Blick noch weiter auf die teils gleichen, teils gewandelten Probleme des Spätmittelalters zu lenken, ist nicht mehr unseres Themas. Unsere heutige Betrachtung muß zwar dem Fachhistoriker starke Vereinfachungen zumuten, aber sie soll – über den Kreis der Fachhistoriker hinaus und ohne sich mit „methodologischem" Leerlauf aufzuhalten – die Aufmerksamkeit auf die ältere Reichs- und Kirchengeschichte lenken, die in Leistung und Verhängnis eine weite Wegstrecke deutscher und europäischer Geschichte bestimmt hat. In gewaltigem Vorsprung vor den anderen Nationen formte sich im Herzen Europas die großräumige politische Ordnung von Volk und Staat als ein Werk des Kaisertums in politischer und geistiger Begegnung mit dem Papsttum. Der Gewaltendualismus und überhaupt das Zueinander einer höchsten geistlichen und einer höchsten weltlichen Spitze im besondern machte Größe und Eigenart der mittelalterlichen Welt aus, barg aber auch Spannungen in sich. Daß diese Konfliktsmöglichkeiten sich in der deutschen Geschichte zu besonderer Dramatik aktualisiert haben, war im 11. und 12. Jahrhundert indeterminiertes Geschehen, durch Fehlverhalten und Fehlentscheidungen, nur sehr bedingt durch immanente Gesetzmäßigkeit ausgelöst. Eine Entscheidung, die dem Frieden dienen sollte – die sizilische Heirat – schuf dann jedoch, in wiederum indeterminierter Wendung, neue strukturelle Gegebenheiten, die den Konflikt des 13. Jahrhunderts nahezu unentrinnbar und – einmal ausgebrochen – unlösbar machten. In dem gleichen Zeitalter, als sich Deutschlands und Italiens Volkskraft, Wirtschaft, Kultur in großem Stil entfalteten, fand ihre *politische* Ordnung nur zu regionaler Konsolidierung der Territorialgewalten, während die monarchische Gewalt sich auf italischem Boden in eine enge – zu enge – Tuchfühlung mit dem in seiner Unabhängigkeit bedrohten Papsttum verstrickte – die politische Aufsplitterung des mitteleuropäischen Raumes hat sich damit bereits angebahnt, wenn nicht gar entschieden.

Das Papsttum seinerseits hat, zunächst im Bunde mit dem Kaisertum, dann emanzipiert vom Kaisertum, durch die römische Observanz in der theologischen Ausprägung, in der jurisdiktionellen Ausweitung, in der liturgischen Ausformung Entscheidendes beigetragen zur Grundlegung unserer mittel- und westeuropäischen, d. h. abendländischen Kulturgemeinschaft. Seine im Prinzip sicherlich legitime Emanzipation hat sich jedoch keineswegs — was angemessen, vielleicht notwendig, jedenfalls möglich gewesen wäre — als evolutionärer Prozeß vollzogen, sondern in eben jenen krisenhaften Erschütterungen, von denen die Rede war. Als markante Krisen- und Wendepunkte zeichnen sich dabei die Zusammenstöße von 1076, von 1159, von 1239 ab. Mag der „strukturelle" Hintergrund dieser Krisen- und Konfliktssituationen noch so offenkundig sein, so erschließt sich ihr echtes historisches Verständnis doch erst von einer Ereignis- und Personengeschichte her, deren Gewicht immer stärker durch die politischen Machtverhältnisse bestimmt wird. In der letzten, der übersteigerten Stufe dieser „eskalierenden" Konflikte, in dem Versuch des Papsttums, *ratione peccati* oder gar in direkter Hierokratie das politische Geschehen zu lenken, vereinigt sich die offensive Abwehr politischer Macht mit der großen Utopie einer machtfreien Herrschaft geistiger Autorität.

Veröffentlichungen
der Arbeitsgemeinschaft für Forschung des Landes Nordrhein-Westfalen, jetzt der Rheinisch-Westfälischen Akademie der Wissenschaften

Neuerscheinungen 1967 bis 1976

Vorträge G
Heft Nr.   GEISTESWISSENSCHAFTEN

141	*Karl Gustav Fellerer, Köln*	Klang und Struktur in der abendländischen Musik
142	*Joh. Leo Weisgerber, Bonn*	Die Sprachgemeinschaft als Gegenstand sprachwissenschaftlicher Forschung
143	*Wilhelm Ebel, Göttingen*	Lübisches Recht im Ostseeraum
144	*Albrecht Dihle, Köln*	Der Kanon der zwei Tugenden
145	*Heinz-Dietrich Wendland, Münster*	Die Ökumenische Bewegung und das II. Vatikanische Konzil
146	*Hubert Jedin, Bonn*	Vaticanum II und Tridentinum
147	*Helmut Schelsky, Münster*	Schwerpunktbildung der Forschung in einem Lande
	Ludwig E. Feinendegen, Jülich	Forschungszusammenarbeit benachbarter Disziplinen am Beispiel der Lebenswissenschaften in ihrem Zusammenhang mit dem Atomgebiet
148	*Herbert von Einem, Bonn*	Die Tragödie der Karlsfresken Alfred Rethels
149	*Carl A. Willemsen, Bonn*	Die Bauten der Hohenstaufen in Süditalien. Neue Grabungs- und Forschungsergebnisse
150	*Hans Flasche, Hamburg*	Die Struktur des Auto Sacramental „Los Encantos de la Culpa" von Calderón Antiker Mythos in christlicher Umprägung
151	*Joseph Henninger, Bonn*	Über Lebensraum und Lebensformen der Frühsemiten
152	*François Seydoux de Clausonne, Bonn*	Betrachtungen über die deutsch-französischen Beziehungen von Briand bis de Gaulle
153	*Günter Kahle, Köln*	Bartolomé de las Casas
154	*Johannes Holthusen, Bochum*	Prinzipien der Komposition und des Erzählens bei Dostojevskij
155	*Paul Mikat, Düsseldorf*	Die Bedeutung der Begriffe Stasis und Aponoia für das Verständnis des 1. Clemensbriefes
156	*Dieter Nörr, Münster*	Die Entstehung der *longi temporis praescriptio.* Studien zum Einfluß der Zeit im Recht und zur Rechtspolitik in der Kaiserzeit
157	*Theodor Schieder, Köln*	Zum Problem des Staatenpluralismus in der modernen Welt
158	*Ludwig Landgrebe, Köln*	Über einige Grundfragen der Philosophie der Politik
159	*Hans Erich Stier, Münster*	Die geschichtliche Bedeutung des Hellenennamens
160	*Friedrich Halstenberg, Düsseldorf*	Nordrhein-Westfalen im nordwesteuropäischen Raum: Aufgaben und Probleme gemeinsamer Planung und Entwicklung
161	*Wilhelm Hennis, Freiburg i. Br.*	Demokratisierung – Zur Problematik eines Begriffs
162	*Günter Stratenwerth, Basel*	Leitprinzipien der Strafrechtsreform
	Hans Schulz, Bern	Kriminalpolitische Aspekte der Strafrechtsreform
163	*Rüdiger Schott, Münster*	Aus Leben und Dichtung eines westafrikanischen Bauernvolkes – Ergebnisse völkerkundlicher Forschungen bei den Bulsa in Nord-Ghana 1966/67
164	*Arno Esch, Bonn*	James Joyce und sein *Ulysses*
165	*Edward J. M. Kroker, Königstein*	Die Strafe im chinesischen Recht
166	*Max Braubach †, Bonn*	Beethovens Abschied von Bonn
167	*Erich Dinkler, Heidelberg*	Der Einzug in Jerusalem. Ikonographische Untersuchungen im Anschluß an ein bisher unbekanntes Sarkophagfragment Mit einem epigraphischen Beitrag von Hugo Brandenburg
168	*Gustaf Wingren, Lund*	Martin Luther in zwei Funktionen
169	*Herbert von Einem, Bonn*	Das Programm der Stanza della Segnatura im Vatikan
170	*Hans-Georg Gadamer, Heidelberg*	Die Begriffsgeschichte und die Sprache der Philosophie
171	*Theodor Kraus †, Köln*	Die Gemeinde und ihr Territorium – Fünf Gemeinden der Niederrheinlande in geographischer Sicht

Sonderreihe
PAPYROLOGICA COLONIENSIA

Vol. I
Aloys Kehl, Köln

Der Psalmenkommentar von Tura, Quaternio IX
(Pap. Colon. Theol. 1)

Vol. II
Erich Lüddeckens, Würzburg,
P. Angelicus Kropp O. P., Klausen,
Alfred Hermann † und Manfred Weber, Köln

Demotische und
Koptische Texte

Vol. III
Stephanie West, Oxford

The Ptolemaic Papyri of Homer

Vol. IV
Ursula Hagedorn und Dieter Hagedorn, Köln,
Louise C. Youtie und Herbert C. Youtie,
Ann Arbor

Das Archiv des Petaus (P. Petaus)

Vol. V
Angelo Geißen, Köln

Katalog Alexandrinischer Kaisermünzen der Sammlung des Instituts für Altertumskunde der Universität zu Köln
Band I: Augustus-Trajan (Nr. 1–740)

Vol. VI
J. David Thomas, Durham

The epistrategos in Ptolemaic and Roman Egypt
Part 1: The Ptolemaic epistrategos

SONDERVERÖFFENTLICHUNGEN

Der Minister für Wissenschaft und
Forschung
des Landes Nordrhein-Westfalen
– Landesamt für Forschung –

Jahrbuch 1963, 1964, 1965, 1966, 1967, 1968, 1969, 1970 und
1971/72 des Landesamtes für Forschung

Verzeichnisse sämtlicher Veröffentlichungen der Arbeitsgemeinschaft
für Forschung des Landes Nordrhein-Westfalen, jetzt der
Rheinisch-Westfälischen Akademie der Wissenschaften, können beim
Westdeutschen Verlag GmbH, Postfach 300 620, 5090 Leverkusen 3 (Opladen),
angefordert werden

GPSR Compliance
The European Union's (EU) General Product Safety Regulation (GPSR) is a set
of rules that requires consumer products to be safe and our obligations to
ensure this.

If you have any concerns about our products, you can contact us on

ProductSafety@springernature.com

In case Publisher is established outside the EU, the EU authorized
representative is:

Springer Nature Customer Service Center GmbH
Europaplatz 3
69115 Heidelberg, Germany